水文知识科普读物

江西省水文局　编著

中国水利水电出版社
www.waterpub.com.cn

·北京·

图书在版编目（ＣＩＰ）数据

水文知识科普读物 ／ 江西省水文局编著. -- 北京：
中国水利水电出版社，2019.12
ISBN 978-7-5170-8280-4

Ⅰ. ①水… Ⅱ. ①江… Ⅲ. ①水文学—青少年读物
Ⅳ. ①P33-49

中国版本图书馆CIP数据核字(2019)第280746号

书　　名	**水文知识科普读物** SHUIWEN ZHISHI KEPU DUWU
作　　者	江西省水文局　编著
出版发行	中国水利水电出版社 （北京市海淀区玉渊潭南路 1 号 D 座　100038） 网址：www.waterpub.com.cn E-mail：sales@waterpub.com.cn 电话：(010)68367658　（营销中心）
经　　售	北京科水图书销售中心（零售） 电话：(010)88383994　63202643　68545874 全国各地新华书店和相关出版物销售网点
排　　版	北京晓西插画工作室
印　　刷	北京博图彩色印刷有限公司
规　　格	185mm×210mm　24 开本　5 印张　69 千字
版　　次	2019 年 12 月第 1 版　2019 年 12 月第 1 次印刷
印　　数	00001—10000 册
定　　价	**38.00 元**

凡购买我社图书，如有缺页、倒页、脱页的，本社营销中心负责调换

版权所有　侵权必究

编委会

主　　任　　方少文
副 主 任　　李国文　　李良卫　　章　斌　　谢　彪
　　　　　　刘建新　　金叶文　　卢国娟
委　　员　　汪凤琴　　欧飞军　　陈　祥　　邢久生
　　　　　　洪全祥　　刘铁林　　冻芳芳　　吴　智
　　　　　　邓燕青　　时建国　　邱启勇　　陈卉萍
　　　　　　邹雪琳　　陈安平　　王钦钊

编撰组

主　　编　　刘建新
副 主 编　　李林根　　王钦钊
参　　编　　李林根　　王钦钊　　华　芳　　谢泽林
　　　　　　樊建华　　何　超　　李　亮
责任编辑　　李　亮　　王勤熙　　马源廷
插画创作　　杜晓西　　王红洁
排版设计　　杜晓西　　龚文瑞　　常炳新　　赵　杨

前 言

《中国大百科全书》这样定义水文："水文科学是研究地球上水体的来源、存在方式及循环等自然活动规律，并为人类生产生活提供信息的学科。"

《中华人民共和国水文条例》这样表述水文："水文事业是国民经济和社会发展的基础性公益事业。"

水行政管理部门一般这样看待水文：水文是防汛抗旱的"尖兵和耳目"，是水资源管理的"哨兵和参谋"，是水生态环境的"传感器和呵护者。"

有科学界定、法律规定、管理层肯定，这就是本书要介绍的水文。

水文常以"软实力"呈现于世，因为它支撑社会、服务国家、造福人民的主要途径，是通过监测水文现象、分析水文规律、预测水文趋势，为决策者提供准确及时的水文情报预报、水资源水生态监测分析信息，从而为国家治理、社会管理提供科学依据，为人类幸福做出自己的独特贡献。

这是一项基础工作，基础不牢，地动山摇。但基础工作大多知晓率不高，这或许是水文长期鲜为人知的缘由之一。

进入新时代，水文科学应当得到更高程度的崇尚、更加广泛的普及；水文事业应当让更多人了解、理解、尊重乃至参与推进。顺应时代需求，江西省水文局组织力量编写了这本水文科普读物，并将全书分为"水文，从远古走来""水文，经天纬地""水文，就在眼前""水文，迈向未来"四个篇章。

这是一个大胆的尝试、全新的探索，因为此前，未闻同类读物见诸于世。

本书的编著者是长期从事水文工作的专业技术人员，之中也不乏写作好手，但毋庸讳言，这些人不是科普作家。然而，这并不妨碍编著者穷己所知、竭尽全力，用图文并茂的方式、平实有趣的语言、形象生动的比喻和真实可信的事例，概略地把水文科学、水文事业介绍给世人，特别是推荐给渴望科学知识、立志报效祖国的青少年。

这就是编著本书的初衷。

编著者深知，限于水平和时间，本书的疏漏甚至讹误在所难免，因而真诚期望广大读者朋友批评指正。

编者

2019年11月

目 录

前言

第一篇
水文，从远古走来

　　水文是一门以水为研究对象的自然科学。人类对水的认识，对水文规律的遵循，对人水和谐的不懈追求，滋养维系了人类生命，催生促进了人类文明。世界"四大文明"——古埃及、古巴比伦、古印度和中华文明，都发端于河川台地，这足以印证，人类文明的起源和发展离不开水和水文。

大禹治水与水文知识

相传，由孔子选编的《尚书》，记载了公元前23世纪，也就是4000多年前，黄河发大水的情况，"浩浩滔天，下民其咨"，意思是说水都涨上天了，老百姓却无处安身。

为此，在一位叫尧的部落首领主持下，大家推举了一位叫鲧的人，带领人们治理洪水。鲧用堵塞围截河水的方法干了9年，没有把洪水治住。后来尧死了，舜当了老大，舜决定让鲧的儿子禹接着干，也就是后人所称的大禹。

水文工作在古时候就已经有了

大禹治水的成功，使得古代中华大地上的部落凝聚在了一起

　　大禹召集部落有治水经验的人，召开会议集思广益，总结了一条"水性就下"的规律，意为水往低处流。大禹想，顺着水流开挖河道，把水引出去，不就有可能成功了么？现在看来，这是当时古人摸索出的水文规律，而大禹召开的会议，或许是最早的一次"水文分析会"，谁也没有想到，或许这次会议改变了中国的社会发展进程。

　　据《史记》记载，大禹"行山表木，定高山大川"。也就是树立标志杆，开展测量和河水观测。大禹还采用"准绳""规矩"等测量工具，把河流、湖泊、洼地和山脉等自然地理情况大致摸清了。由此看来，大禹组织开展了中国历史上第一次大规模的水文调查和水文测量。

正是有了朴素水文知识的帮助，大禹雄心勃勃地制定了治水方案，进行圩堤加固改造，兴修水渠、疏通河道。他率领20多万"农民工"，开始了艰苦卓绝的水利建设。为使这个浩大的工程早日建成，早日发挥效益，他曾经"三过家门而不入"。后来有人说，这就是"团结进取、求实奉献"的治水精神的萌芽。

随着水文知识的日益丰富，大禹治水信心满满，带领人们经过13年的艰苦奋斗，终于疏通了九条大河，水患得到治理。

正是大禹治水的成功，使得古代中华大地上的部落凝聚在了一起，形成了国家的雏形。后来，大禹的儿子启继承父亲创造的伟业，建立了中国历史上第一个国家——夏，中国从此由原始社会进入了奴隶社会。

原来如此

水文学，研究水存在于地球上的大气层中和地球表面以及地壳内的各种现象的发生和发展规律及其内在联系的学科。包括水体的形成、循环和分布，水体的化学成分，生物、物理性质以及它们对环境的效应等。水文学一般分为陆地水文学、应用水文学、海洋水文学、工程水文学等。

金字塔背后的国家重器

公元前约4000年，古埃及人就掌握了一些水文知识和观测方法。让人意想不到的是，当时的水文观测，竟然关系着整个国家和每个老百姓的命运。

事情是这样的，古埃及的老百姓大多生活在尼罗河下游，主要靠种大麦、小麦为生。国家每年按照庄稼收成情况决定征多少税收。这里有个大问题，征多了，老百姓自己没粮，那就会饿死；征少了，则会影响国家发展；征得不公平，那就很可能造成社会动荡、国家灭亡。

古埃及人犯愁了，怎么办呢？有人突发奇想——依照尼罗河水位的变化情况，决定征税数量。话语一出，上到国王与祭司，下到普通老百姓，大家都表示拥护。

为什么拥护？因为尼罗河水位的变化，与农田旱涝和农作物产量直接相关。

尼罗河流经埃及路线示意图

古埃及人提出依照尼罗河水位变化来决定征税数量的方案，得到大众拥护

说干就干，古埃及人很快就建了一批水文站，专门用来观测水位。这些水文站关系国计民生，实在是太重要了，有如国家重器，于是就成了国家重点保护区域，闲杂人等不得靠近。

国家还安排一些有文化的人当水文观测员，这些人虽然不用去种地了，但担子不轻、责任不小。他们不仅要掌握水文专业知识，认真测量、准确记录、科学计算，还要遵守国家保密规定，保守水文信息秘密。

这些水文站，有的至今还保存着，埃及人把其中一些水文站作为文明的象征保护了起来，当人们参观金字塔的时候，常常会一并参观这些水文站。

古埃及时期就有了水文工作者

原来如此

　　14世纪前，水文科学开始萌芽，人类能够以自然哲学为依据，主要以定性方法观测水文现象，以经验方法推测水文规律。14—19世纪，水文科学奠基，人类能够以科学事实为依据，发明水文测量仪器，主要以实地观测、定量研究和科学实验方法观测水文现象，以理论学说探寻验证水文规律。20世纪，水文科学确立并快速成长，人类深入研究水文要素、水文计算和水文预报，以新技术特别是计算机技术推动水文数学模型以及水文实验研究的发展，兴起了水资源和人类活动的水文效应研究，开展了广泛的国际合作。21世纪，水文科学正深度参与以云计算、大数据、智能制造等为代表的信息化革命，方兴未艾。

屈原之问

2300多年前，大诗人屈原可能没学过水文学，但他却提了一个水文学到现在也没研究透的问题："东流不溢，孰知其故？"

用现在的话说就是："河水不断地向东流入大海，而大海水位却不会涨高、不会溢出来，谁能告诉我，这是怎么回事？"其实，这个问题用水文学来解释，就是水文循环的缘故。

为名人解疑释惑，有挑战性，当然也会有成就感。这不，许多人跃跃欲试，一时间众说纷纭。其中，《吕氏春秋》的解释，东汉思想家王充、南朝科学家何承天等大师的解答，认为主要是气态水与液态水大范围互相转换的缘故。

唐代文学家柳宗元的回答，应当算是最为完整的了："东穷归墟，又环西盈。脉穴土区，而浊浊清清。坟垆燥疏，渗渴而升。充融有余，泄漏复行。"大意就是说，水向东流入大海，又以水汽的形式向西回归。再以雨的形式下到地上，有浑水也有清水。在干燥的高地上，水会下渗，也会蒸发。地上的水渗不下去了，就会聚集起来，又向东流入大海。

最后，柳宗元还反问屈原："器运滧滧，又何溢为？"意思是，水本来就是这么不断循环的，哪来的海水溢出来一说。言外之意，您老不会是故意唬人吧。

看来，柳宗元对屈原老先生一个问题搞得大家忙活了1000多年还是颇有微

古人对水循环问题有着自己的见解

词的。不过，他生气倒也情有可原，因为在屈原出生以前的《黄帝内经》就议过此事，定性也较为准确。所以，屈原老先生还真有明知故问、考考大家的嫌疑。

问题有眉目了，那么，地球上的水来一次完整水文循环，需要多长时间呢，有一种说法是大概需要上万年。

水文是一门科学，科学不能满足于定性研究、文学描述，更不能停留在"大概"上。水文循环的定量分析，是一个更有实践意义的重大课题，水文科学家正在努力，兴许不久的将来，读者您也会参与其中。

地球水循环示意图

啊？要上万年！那黄花菜都凉啦！

地球上所有的水来一次完整的水文循环，大概需要上万年

原来如此

　　水文循环是指地球上的水分通过蒸发、水汽输送、降水、截留、下渗、径流等过程不断转化、迁移的现象。从海洋蒸发的水汽，被气流输送到大陆形成降水，其中一部分以地面和地下径流的形式从河流汇入海洋，另一部分蒸发返回大气，称为大循环。海洋蒸发的水汽在海洋上空凝结后，以降水的形式落到海洋，或陆地上的水经蒸发凝结又降落到陆地，称小循环。

《水经注》，水文地理著作的里程碑

有一本关于水文地理的书，是南北朝时期写成的。这本书既有专业性、又有文学范儿。大文豪苏东坡就多次说过，他十分喜欢读这本书，并且经常读，没事就拿出来翻翻。这本神奇的书就是《水经注》。作者郦道元，今河北涿州人，地理学家、散文家。

当然，推崇《水经注》的不只苏东坡，清朝学者更是对其佩服得五体投地，说它是"三百年来一部书"，还利用修《四库全书》的机会，把乾隆皇帝也变成了《水经注》的"粉丝"。

郦道元在《水经》的基础上，又好好来了一番注解

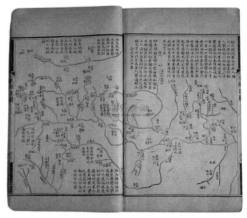

《水经注》内文

事实上，在《水经注》之前，我国谈论水文地理的书籍不少，但郦道元都不太满意，觉得有的神话味道太浓，有的内容庞杂，有的不大符合实际。只有汉魏时期的《水经》还不错，但内容太少，让人很不过瘾。于是，他决意站在前人的肩膀上，为《水经》好好来一番注解。

郦道元写书，还有一个更深层次的原因。那就是他身处一个国家分裂时代，他为山河破碎而痛心，希望国家统一，希望再次绘制"外面是国境线、里面是几条大河一片大海"这样一个完整的中国版图。难怪有人说，《水经注》是一部爱国主义著作。

以《水经》为蓝本，郦道元动手写起来。《水经》专述河流，总体比较系统，要想再提高并不是轻而易举可完成的事情。好在郦道元见多识广、文学功底深厚，写起来还没有遇到过不去的坎儿。

就这样，中国历史上第一部水文地理专著，至今仍对国家建设管理有重要意义的光辉巨著——《水经注》，终于诞生了。

《水经》经过郦道元一注，就来了个破茧成蝶，全书字数从8000多变成30多万，河流从137条增加到1252条。从河源到河口，从干流到支流，从洪水到枯水，从河道形态到水量、水位、泥沙等各种水文要素，此书都一一进行了记载。黄河上游的一条小支流，《水经》只写了12个字，而经郦道元一"注"，嗬！1800多字，完全是重新创作的"节奏"。

《水经注》兼具科学的严谨和文学的色彩，比如在描写江西南昌的一个湖泊时，他写道，"东太湖，十里二百二十六步，北与城齐，南缘回折至南塘，水通大江，增减与江水同"。数据之明确、方位之清楚、江湖之互动，完全是技术用语。但紧接着，他却笔锋一转，大发感慨道——"水至清深，鱼甚肥美"。

鱼甚肥美！

客官，发个抖音就给打五折啊！

五折

《水经注》中对东太湖的鱼的鲜美也有描述

水，那么清澈、那么深邃；鱼，那么肥硕、那么鲜美。

这简直是诗歌啊。

原来如此

　　我国水文探索和研究在人类发展史上曾经长时期处于领先地位，出现过许多具有相当历史价值、标志文明高峰的文字记载和光辉著作，例如商代甲骨文关于雨雪和洪水记载、周代的《诗经》、春秋战国时期《管子》《禹贡》《周礼·职方》、战国初年到汉代初年的《山海经》、东汉时期的《汉书·地理志》、东晋的《华阳国志》、宋代的《梦溪笔谈》、明代的《数书九章》《徐霞客游记》等等。特别是《水经注》，至今仍可运用于水道海岸变迁、湖泊兴废、城市规划乃至气候变化等相关领域的研究。

辉煌的都江堰，静默的石头人

在四川成都的都江堰市，有一座伟大的古代水利工程——都江堰。古代的"堰"，就是"拦河蓄水的坝"的意思。这个工程具有防洪灌溉的功效。

都江堰是由李冰主导，于公元前3世纪，在长江的重要支流——岷江上建起来的，此工程一举使成都平原成为"天府之国"，是全世界年代最久、唯一留存、仍在一直使用、以无坝引水为特征的宏大水利工程。

但是，很多人不知道，李冰在动工兴建都江堰时，还配套建设了一个"专用水文站"。这个在春秋战国时期修建的古老水文站，是专门用来观测水位的。李冰在渠道进水口上下游设立了三个石柱，这三个石柱被雕刻成人的形状，相当于现代水文观测用的水尺。李冰用它们来测量水位，主要是想弄清楚水位与流量、上游来水量与下游需水量的关系。

经过连续的水文观测，他发现，如果水位降至石人的脚部，就不能满足下游的用水，预

宏伟壮观的都江堰水利工程

示着出现了低枯水位，可能会发生旱灾。但如果水位升到石人的肩部，对下游来说水量就太多了，用今天的话说，就是超过洪水警戒线，人们得组织抗洪了。

确定了干旱与洪水警戒线，加上对岷江流域全面了解，李冰综合考虑流域水文特性，完成了都江堰水利工程施工设计，创造了一个巧夺天工、惠民千年的水利工程伟大范例。

今天，我国各类水文站已经超过10万个。这些水文站遍布祖国的江河湖畔，规模与功能，自然比李冰时代强多了。

一般来说，我国的水文站，除了在水边有一排水尺外，还有站房、观测场、水位井、测量船等专用设施，能够监测水位、流量、降水量、蒸发量等多

李冰利用石人来观测水位变化

种水文要素。许多水文站能够自动监测、自动计算、自动传输，还可以发出洪水预警或预报。

水文站都有很醒目的"中国水文"标志。兴许，你家附近的河边就有哦。

遍布我国江河湖畔的水文站

原来如此

水文站是在河流上或流域内设立的，按一定技术标准收集和提供水文要素的各种水文观测现场的总称。按目的和作用分为基本站、实验站、专用站和辅助站。

令联合国教科文组织惊叹的水文"国宝"

长江流经重庆的涪陵，在江中心河床上，静静地躺着一道小"山梁"，长1600多米，宽10多米。只有在长江水位比较低的时候，这道梁才会露出水面，惹得大量少见多怪的白鹤围着它飞来飞去，由此人们就干脆把它叫作"白鹤梁"。

这道梁的最高点，比常年的最低水位高出2～3米。早在公元763年，先人们就着手在梁上雕刻水文信息，这一刻就是1000多年，人们称之为白鹤梁水文站。梁上这些珍贵的水文记录世上独一无二，是为"国宝"。据统计，梁上有160多条水位信息，共计3万多字，记录了72个年份长江枯水情况。用这种方法

白鹤梁水文站上的水文记录是世界上独一无二的

记录水文信息，不仅不会失传，而且不会搞错地方，简直就像是为1000多年后的我们特别订制的。真想穿越回去，跟那些伟大的雕刻者握握手。实际上，古人不但在石头上刻录最低水位，同样也在合适的石头上记录最高洪水位。这样的记录，仅长江在四川境内，就有178处。

有了这些水文记录，科学家们在研究长江演变，规划流域发展，甚至应对全球气候变化时，就有了实物佐证。举世闻名的三峡水利工程的建设，就参考了这些水文信息。

然而，三峡大坝设计时，就计算出大坝建成蓄水后，白鹤梁将被淹没在30多米深的水下，再也不会露出水面了。

"国宝"不能废！为了保护"国宝"，科学家们冥思苦想，国家也花了大本钱，终于建成一个原址水下保护工程，一个世界上独具特色的水下博物馆。联合国教科文组织称它是"世界唯一保存完好的古代水文站"。

今天，你可以从从容容地

为保护"国宝"而建的白鹤梁水下博物馆

走进滔滔江水下的博物馆里，亲眼观赏"国宝"了。如果你是专业的水文研究者，还可以直接触摸白鹤梁，考察那跨越了1000多年的水文记录。会不会有点心动？

原来如此

　　白鹤梁题刻原址水下保护工程，由水下保护体、交通及参观廊道、地面陈列馆三部分组成。工程在白鹤梁上兴建了一座"无压容器"，使水下保护体结构及文物处于内外水压平衡的状态，解决了水下30多米深处文物原址保护遭遇的地质、安全和航运等不利影响，维系了白鹤梁与长江水环境的平衡。

助力郑和下西洋的宝图

当年郑和七下西洋，率领庞大船队横渡印度洋抵达东非海岸，甚至有可能绕过好望角，环游全球，发现世界。那么，他们是怎样完成人类历史上的首次伟大远航呢？

原来，他们手中有一张包含许多海洋水文知识的宝图，叫《郑和航海图》。

综观七下西洋全过程，我们知道郑和已经掌握了很多海洋水文知识，能够合理利用季风和洋流，运用"更"和"庹"分别计算航程和测量水深，使用罗盘定向、对景定位和地标导航，运用"过洋牵星"天文导航，观测和发现经纬度，绘制《郑和航海图》。

其中，"更"就是我们现在说的时间。郑和远航靠"更"来计算流速。每更约60里。

《郑和航海图》局部展示

古代航海过程中用来定位的罗盘

由于风速、流速的影响，航速或快或慢，每更所走里程稍有不同。水手将木片从船头抛下，自己从船头向船尾走。如果走到船尾时，木片正好漂流到船尾，这叫"合更"，否则就叫"不及更"或"过更"。过更时，每更大于60里，不及更时就小于60里。这个就是早期的浮标测速法。

为了探寻航线，避免船只触礁，郑和运用锤测法测量水深，即用绳索系铅锤沉入水中，铅锤到底，读出绳索上的水深标记。水深以

古人用锤测法来探测海水深度

"庹"为单位，"方言称两手臂分开为一庹"，约合1.7米。这种测水深导航法直到20世纪80年代仍有人使用。

此外，郑和船队还利用带牛油脂的铅锤粘上来的泥沙，判断海洋地质的状况，海洋泥沙取样为寻觅适宜的停泊地提供了依据。在整个航行中，郑和在每艘船上都安排了几十名观测员，他们"日看风雨，夜观星斗"，其中就有不少人从事海洋水文监测分析工作。

由此可见，郑和船队掌握的海洋水文知识，在下西洋的伟大航程里发挥了重要作用。

在历史上，中国有具体历史轨迹可寻的航海活动，最早是汉朝丝绸之路的开辟。据《汉书·地理志》记载，公元前2世纪至前1世纪，就开辟了西航的海上丝绸之路。唐宋时期，中国的远洋船舶抵达波斯湾，延伸到红海和东非海岸。到了元代，有了中国人到达东非的明确记载。

原来如此

中国提出"丝绸之路经济带"和"21世纪海上丝绸之路"的合作发展倡议，并与俄罗斯共同探索开启穿越北冰洋的"冰上丝绸之路"，水文科学技术必将为此助力更多的现代"郑和下西洋"。

水质，从喝茶说起

判断水质的好坏，是水文学的一项重要任务。没想到，唐代的茶圣陆羽先生，居然想通过品茶，尝试着完成这样的任务。他专门写了一本书，叫《茶经》，严正指出，喝茶讲究主要是三个方面，一是茶叶，二是容器，三是水质，并郑重其事地把水质分为20个等级。

古人喝茶时，对茶叶、容器、水质都十分讲究

李时珍也不甘落后，《本草纲目·水部》不但把水进行了等级划分，还研究了用法用量。

　　为了喝上干净的水，古代人们自然十分重视水环境的保护。

　　水，源于大自然，难免受到污染。古人很早就意识到了这一点。为保护水源，朝廷和地方出台了相应的规章制度，对水源进行立法保护，其中不少类似现代水文环境涉及的水源保护区。

　　南宋时期，为保护都城临安西湖免遭污染，规定禁止向湖内排污和倾倒废土废渣，也不能在湖区乱种植物，谁违反谁受罚。清乾隆二年，也就是公元1737年，苏州颁布"永禁虎丘开设染坊污染河道"令，要求搬迁河道两边的染坊，避免染料进入河道、污染河水。这应该是我国最早颁布的地方性水环境保护法规。

　　为保证饮水安全，古代还很重视供水设施建设。东周阳城遗址上，就有今天看来仍很先进的城市供水设施。比如，供水陶制管道埋于地下，设有澄水池、阀门坑。澄水池相当于现代水厂的沉淀池，水经沉沙、澄清后，再入城供居民取用。隋文帝杨坚时期，开凿了龙首渠、永安渠、清明渠三条水路，向长安新城内供水，这在当时是一项

苏州永禁虎丘开设染坊碑

重要的"惠民工程"。这些措施，对水质都起到了很好的保护作用。看来，古人对城市水文也有所研究。

较之古代，现在我们保护水环境的法律法规、技术措施、工程设施等都要完善得多，水质监测能力与水平更是不可同日而语。但是，水文科技工作者从来不会忘记前人的功劳。

原来如此

水环境，指自然界中水的形成、分布和转化所处空间的环境，是围绕人群空间及可直接或间接影响人类生活和发展的水体，其正常功能的各种自然因素和有关的社会因素的总体。

先辈的报汛制度，曾经的悲壮

我国古代制定过许多与水文密切相关的法规，从制度上保障水文工作的顺利进行，这些法规通常与防汛抗旱特别是水文报汛有关。

例如，秦朝颁布法令，要求各地上报降雨、洪水与受灾情况。到了汉朝，则将降雨情况上报作为一项制度，固定了下来。三国时期，诸葛亮主持颁布了我们国家最早的防汛法。

到了宋代，我国建立了较为完善的洪水报告制度，也就是今天所说的报汛制度。金朝规定，沿河各级政府，在汛期要随时报送洪水险情。明朝开始建立黄河飞马报汛制度。清代沿袭这一做法，还建立了用羊皮筏传递汛情的"羊报"制度。发现某个地方即将出现洪灾，需要将此信息尽可能快地告知朝廷和民众，这就叫水文报汛。

古代的时候，天上没有飞机，地上没有汽车，没有无线电，更没有互联网，那么他们是怎么报送水文情报的呢？

明朝的方法是，如果出现险情，要立即悬旗、挂灯、敲锣，发出紧急抢救信号，提醒抢修，安排人员转移。这里，介绍一下什么是"马报"和"羊报"。

"马报"，是明朝的时候，在黄河流域采用的一种报汛办法。

当一条河的上游观测到可能危及下游的洪水后，报汛人就立即带着水文资料，背着黄色的资料包，拿着红色的警示旗，骑着快马向着下游风驰电掣而

去，每15千米换一次人马，接力传送紧急汛情。这是关系很多人生命的"接力跑"，因而拥有一种特权，就是可以"闯红灯"。万一行人与马相撞，"交警"不会判"司机"负任何责任。

再说"羊报"，你可千万不要望文生义，以为"羊报"，就是骑着羊，优哉游哉，溜达着传送汛情。实际上，"羊报"非常艰巨，甚至有些悲壮。

"羊报"，就是人带着写在木签上的水文情报，依靠一只"羊皮舟"，顺洪流而下去报汛。这种"羊皮舟"，是把羊去掉内脏，把皮晒干缝合，然后充气做成的，像一只不规则的大皮球。报汛人每漂流到一个重要村镇，就投放木

明朝建立了黄河飞马
报汛制度

签。当地根据木签上记载的汛情，有针对性地组织抗洪抢险。

狂风暴雨之下，报汛人日夜兼程，不但要有战胜惊涛骇浪、饥饿恐惧的胆量和体魄，还要面对被岩石碰撞、被激流吞噬的危险，甚至有人为此献出了生命。

报汛人乘坐"羊皮舟"顺洪流而下传报汛情

每一次报汛，都是一次壮举，这就是水文工作者的使命。在已经实现无线通信、网络传输、视频直播的今天，我们仍然不能忘记先辈的悲壮，仍然应当向他们表示敬意。

原来如此

　　我国现行涉及水文的法律法规，主要有《中华人民共和国水法》《中华人民共和国防洪法》《中华人民共和国水文条例》等。

水尺的前世今生

近些年，每到汛期，媒体和民众都爱用"水上威尼斯""陪你去看海"这种冷幽默调侃城市内涝。其实，在人类历史进程中，人们早就洞察到了水位变化带来的影响，并对此进行了水文观测和记录。

古代，人们不仅设立石人观测水位。而且每年根据不同水情，在河边的崖壁或者是河里的大石头上刻一道横线，来表示水位高至或低至此处。

有人做过统计，唐宋以来分布在长江干、支流的洪水题刻有近1000处。当然，长江枯水水位的题刻也很多，仅在长江上游宜昌至重庆段就有11段，

城市内涝景象

题刻362处。

这种题刻被称为水则，后来，人们又发明了固定在水中的木质水则。这已经接近现代水文使用的直立式搪瓷水尺了。

古代的水位测量与调控，主要由水则和水则碑两部分组成。水则相当于现代的水尺，设置河道中；水则碑是根据水位调度水量的操作规程，刻在石碑上，固定在河岸醒目地方。

这已经把水位观测和实际应用结合起来了，相当于建立了水位和沿河地区的高程关系。比如明成化年间，为加强绍兴河湖水位管理，设置了"山会水则碑"，其中水闸在什么水位条件下打开或关闭、开关到什么位置，都有明确规定。

清代为黄河、淮河、永定河防汛需要，先后在洪泽湖高堰村、黄河青铜峡、淮河正阳关三官庙、永定河卢沟桥设立水则观测水位。

后来，英、法等帝国主义列强先后侵入上海，为了自己的航行安全和各种利益，他们在长江、黄浦江等河流，设置了一批水文测站，

山会水则碑

设立水尺和信号杆，悬挂水位标球。这是在长江水系内最早设置的观测水位（潮位）的近代水尺。清末，外国列强又设立了一些海关水尺。这些都是用近代方法进行水位观测最早的一批水文站。

外国人随意在中国领土上建水文站，尽管客观上引进了先进科技，但却牺牲了国家主权，是落后就要挨打的结果。这其中的酸楚、屈辱和纠结，我们曾经忍受百年。1911年辛亥革命以后，这些水文站陆续回到中国人手中。今天，中国水文正在崛起，为成为世界一流的水文强国而不断努力奋斗。

不同时代的水尺对比

原来如此

现代水位观测，常用的有水尺和自记水位计，自记水位计能够记录连续水位变化过程，也能以数字或图像的形式传送水位信息。2016年，我国水文部门管理的具有水位监测功能的水文站超过18000处。

古人观雨

"倾盆大雨"这个常用成语，我们并不陌生。但是，知道此"盆"是原始雨量器的人恐怕不多。当然，这种原始的雨量器，就是古人生活中使用的一些器皿，如盆、盎等。为了水文观测，古人也是拼了。

最早的时候，我国对于衡量雨量多少，并没有一个统一的标准，有时指降雨持续时间的长短，有时指受雨面积。唐宋开始，雨水的多少和降雪一样，是由尺寸来计算的，如"肤寸""寸余""数寸""及尺""近尺""盈尺""三四尺"等。

问题是雨水和积雪不同，积雪可以直接丈量，雨水会流动。所以雨水用寸、尺、丈计量，必须借助于专门的器物，这就涉及雨量器的发明和使用了。起初，人们只是依据生活经验，对雨后地面积水的厚度进行推测，后来对雨水

古代测量雨量的工具——圆罂

古人用生活中的一些器具来测量雨量

进行了测量，而用以测量的器具，便是生活中的一些器皿。

从南宋秦九韶《数书九章》记载的数学题来看，还有"天池测雨""圆罂测雨""峻积验雪""竹器验雪"等几种方式。其中"天池测雨"法是用天池盆来收集雨水，通过计算获得地面降水量。

事实上，天池盆也不是专用工具，而是预防火灾、积蓄雨水的容器。圆罂大概是水缸。不管是"天池盆"，还是"圆罂"，虽然是生活器具，却是事实上的"雨量器"。

到明朝时，出现了由国家制定的统一的圆筒形测雨器，供给地方州县使用。公元1442年，出现了有标准的铜制雨量器。清朝的雨量器，已接近现代水文使用的雨量器了，它上面刻有标尺。康乾时期，朝廷将这种改进后的雨量器发到全国各地，用来武装当时的水文测站，连邻国朝鲜等亲朋好友都发了。至今，在韩国的大邱、仁川等地，还保存着乾隆1770年颁发的雨量器。

这种雨量器，用黄铜制造，上面刻有标尺，高度为1尺，宽度为8寸，这也是世界上现存最早的雨量器。而欧洲直到1639年，才由意大利人卡斯太里弄出来一个雨量器。

世界上现存最早的雨量器是康乾时期制作的雨量器，而欧洲直到
1639年才制作出来

与此同时，还有另一种雨量观测在流行，这就是"雨水入土深度"。比如，民间和文人笔下，就有"一犁雨"的说法。这个犁，就是耕地的犁。这里，古人已经引入雨水进入土壤深度的概念，表明当时已经注重雨水的实际效果，接近现在水文学所说的土壤含水量。

古人也用"雨水入土深度"来测量雨量

原来如此

2017年，中国水文和气象部门管理的雨量站约23000处，多采用雨量器、多普勒雷达以及卫星遥感等方式进行雨量监测。这些先进的现代化水文监测设备覆盖面更广、精度更高、可靠性更强。

水文大家庭

2013年2月，海军士兵李文波获评2012年度感动中国十大人物，因为他长期驻守南沙群岛开展水文监测等工作，向联合国教科文组织和军内外气象部门提供水文气象数据140多万组。

怎么，中国人民解放军也从事水文工作？

是的，由于水文科学涉及十分广泛，又正在与其他学科快速融合，所以必须多方协同配合，才能做好祖国的水文事业。

水文，可是一个大家庭哦。这个家庭有分工，更有合作。

小朋友的疑惑

我国陆地上的水文工作，主要由国家水文机构承担，气象、测绘、国土以及环境保护、交通航运、海事海关等机构依照法定职责从事相关工作。近海的水文工作，主要由国家海洋机构承担。

领海的水文工作，由水文、海洋、海事、环境保护和军队等机构分工负责。

大洋与极地水文勘测，通常由专门科学考察队伍承担。2017年8月28日，我国最先进的科考船——"向阳红01"就从青岛起航，执行环球海洋综合科考任务，开展水文气象、海水化学、浮游生物、放射性核素、海洋测绘与探空气球等综合调查测量。

我国最先进的科考船——"向阳红01"

随着我国水文事业的快速发展，作为世界水文家庭的一员，中国水文正在为全人类做出越来越多的贡献。

水文还有"联合国"哦，它叫国际水文科学协会，是水文学的研究与发展、理论和模型方法验证、国际水文科学合作以及成功发表的支撑平台。

原来如此

国际水文科学协会（IAHS）被称为水文"联合国"，是推动水文学研究和学术交流的重要的非营利性国际非政府组织，成立于1922年，中国是成员国之一。

世界气象组织标识

第二篇
水文，经天纬地

　　从古至今，千年跋涉，水文形成了精深的科学理论、规范的技术标准、高效的科研机构。同时，水文还发明了许许多多技术装备。用这些装备武装起来的水文队伍，在我们这个可爱的星球上，不分昼夜、不分地域，持续不断地监测分析研究一切与水密切相关的自然现象、人类社会活动。目的只有一个，就是摸清水资源、理解水循环、掌握水规律、维系水生态，从而为人类与水和谐相处，开出一个个对症管用的良方。所以说，水文不仅是防汛抗旱的哨兵，还是水资源管理、水生态环境保护的参谋。

降水，有道是黄河之水天上来

人们本能地发现，地上的水，很多时候，是从天上掉下来。我国古代诗歌就感叹道，"黄河之水天上来"。所以，水文观测得从天说起——观测降水。

天上为什么会降水呢，这其实是一种"锅盖效应"。烧开水时，水开后，你打开盖子，盖子上总是会有很多水滴下来。这是因为，水在加热后，一部分会变成水蒸气，上升后遇到相对较冷的盖子，就凝结为水。

降水也一样，只不过地面上的水不用"烧开"，而是依靠蒸发变为水汽，上升到大气层这个"大锅盖"，遇冷凝结为水，降落下来的就是雨。当这个"大锅盖"很冷很冷时，水汽就可能结成冰，这时天上掉下来的，可能就是冰雹或者飞雪了。其实，降水的家族里还有很多个小兄弟呢，如冬天的霜、夏天的露、秋冬的雾，等等。

某地一天降雨50毫米。那么，这50毫米是什么意思呢？

假设有一天，雨下在一块平整的操场上，没流到场外，没有渗到地下，没有被太阳给蒸发掉，这时操场的积水深度，用尺子一量，是50毫米。那么这50毫米就是这一天的降水量。50毫米，属于暴雨级别，在一些山洪易发地，可能就要动员当地老百姓转移避灾了。

你也许会觉得，才50毫米水深，只不过是刚刚淹到脚面，有必要转移吗？是的，50毫米的水深，确实不可怕，但可怕的是，降水会形成产流和

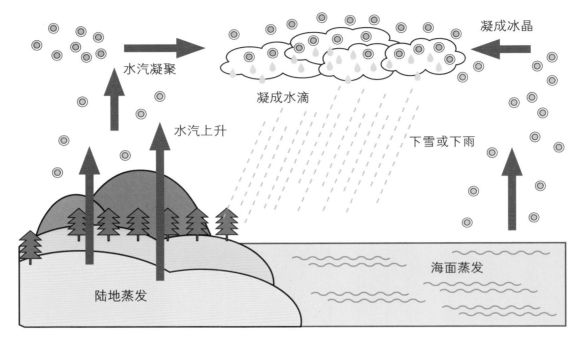

凝成冰晶

水汽凝聚

凝成水滴

水汽上升

下雪或下雨

陆地蒸发

海面蒸发

降水示意图

汇流。

雨落到地上，形成水流，这就是产流。产流发生以后，它们又会向低洼的地方汇聚，这就是汇流。

如果一个很大的区域都下了50毫米的雨，而这些雨又汇流到一个小小的地方，那威力可就大多了。这就好比刘邦的50万大军汇集在一起，把项羽的10万人压缩在地势较低的垓下，弄得"力拔山兮气盖世"的项羽大帅哥也四面楚歌，只好霸王别姬、乌江自刎。

这样的汇流，如果再遇到下游水系不畅，那就相当于屋漏偏逢连夜雨，很有可能在山区形成洪水和滑坡，在平原造成水漫河滩，在城里让大家"看海"。所以，研究产流和汇流，一直是水文学的重要课题。

前面说的用尺子到操场上测量降水，只是打个比方。实际上，水文是用一种叫雨量计的仪器观测降水的。

3000年前，我国就有用生活器皿观测雨量的记录，但使用标准雨量器，却是从1841年开始的。这种仪器为圆筒形，筒的口径约为20厘米。雨从天上掉下来后，通过漏斗进入储水瓶，观测者把水倒入特制的量杯，就可以测出降水量了。

虹吸式自动记录雨量计

1949年后，在有标准雨量器的基础上，水文工作者研发出能自动记录降雨量的虹吸式自记雨量计，并很快在全国范围内得到应用。

翻斗式自记雨量计

20世纪80年代，翻斗式自记雨量计在我国开始使用。它的结构原理如"扁担"挑着两个水斗，一个斗子里雨水装满了，就会向下翻，同时"扁担"另一头的斗子自然上翘，继续承接雨量。由此不断往复，翻一次，就计一次雨量，最后总数一加，降水量就出来了。

各式先进的雨量计

再后来，利用现代电子技术、通信技术设计的全自动翻斗式雨量计闪亮登场，并很快就成为雨量自动测量的主角。现在我国的雨量站大多装备了这样的仪器。

水文工作者在修理监测雨量设备

当然，雨量计还有不少兄弟姐妹，如称重式雨量计、光学雨量计、雨雪量计、雷达测雨等，这里就不一一介绍了。

原来如此

降水，指从大气中降落到地面的液态水和固态水。降水量，一定时段内降落到某一点或某一面积上的总水量，用深度表示，单位为毫米。我国规定，24小时降水量小于10毫米的为小雨；大于等于10毫米，小于25毫米为中雨；大于等于25毫米，小于50毫米为大雨；大于等于50毫米，小于100毫米的为暴雨；大于等于100毫米，小于250毫米称为大暴雨；大于250毫米称为特大暴雨。

蒸发与墒情，发生在脚下的大事件

水由液态或固态，转变成气态，跑到天上去了，就叫蒸发。蒸发这家伙，有时我们眼睛可以看到，比如水面冒气，还有沙滩在暴晒下的水汽蒸腾。但大多情况下，我们难以觉察。

蒸发量越大，说明跑掉的水分越多，如果这期间降水少，甚至不降水，那就很可能出现干旱。

蒸发量是指被蒸发掉的水量。观测蒸发，用的是蒸发皿。我国用得比较多的，是一种用玻璃钢制作的，埋在地下的圆桶，口径为61.8厘米，用标尺、测针可以测量桶里水面高度变化，从而算出蒸发量。

"墒"是指适宜植物生长发育的土壤湿度，即土壤含水量，如果土壤湿度不适宜，就叫墒情不好，庄稼会减产，严重时颗粒无收。

影响墒情的因素有地质地貌、降水、蒸发和土质疏松程度等，蒸发是其中十分重要的因素。比如，我国新疆吐鲁番盆地年降水量只有10多毫米，而蒸发量

蒸发量大而降水少，就很可能出现干旱

却达3000毫米以上，自然条件下的墒情很不好，四处均为一片荒漠，种不出什么东西。

你可能有疑问了，吐鲁番盆地不是大量出产葡萄吗？

这里又不得不说一说我国劳动人民的智慧和勤劳了，他们运用包括水文、测绘在内的科学知识，创造了享誉世界的伟大水利工程——坎儿井，也就是地下渠道系统。坎儿井与万里长城、京杭大运河并称为中国古代三大工程。

原来，新疆吐鲁番附近有高山积雪，雪水融化后流向盆地，但半道上大部分就被蒸发掉或者下渗到地下了。怎么才能用上这丰富的雪水呢？汉朝时候，劳动人民想到了一个好办法——在地下挖渠道，经过历朝历代撸起袖子加

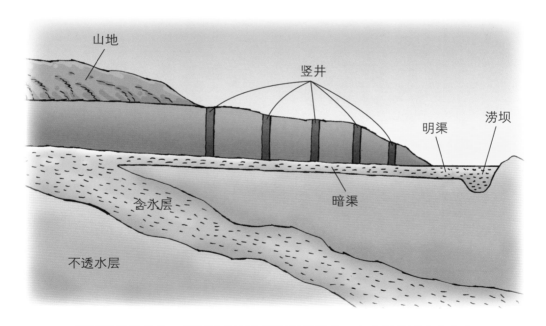

通过建造坎儿井，把高地地下水引到平原地带，大大促进了农业生产

蒸发皿

油干，最终建成的渠道共有1000多条，总长约5000千米，好似一张庞大的地下蜘蛛网。

于是，吐鲁番人民的生存发展有了保障，土壤墒情由此得到改善，我们也就可以吃到让人垂涎欲滴的新疆葡萄了。

监测墒情，最直接的方法是烘干称重。先采集土样，精确测量它

水文工作者在监测土壤水分

的重量，然后把它送入烘箱烘干，再称一次重量，前后两次重量一减，就可以算出土样中的水分多少，也就是土壤的含水量。

后来，科学家们又发明了自动监测仪器，叫土壤水分监测仪，它可以利用"土壤含水量不同则导电性能不同"的这一原理监测记录土壤含水量。

原来如此

蒸发，指液态水或固态水转化为气态水，逸入大气的过程。陆面蒸发，是指流域或区域内水面蒸发、土壤蒸发、散发和冰雪蒸发的总和。水面蒸发，是指水面的水分子从液态转化为气态逸出水面的现象。土壤蒸发，是指土壤中的水分通过上升和汽化从土壤表面进入大气的现象。散发（植物蒸腾），是指土壤中的水分经由植物叶面和枝干以水汽形式进入大气的现象。土壤含水量，一般是指土壤绝对含水量。墒情，是指作物耕层土壤中含水量情况。下渗，是指水分在重力作用下沿着土壤空隙向下运动的过程。

基面，水位的起算点

　　同一条河，无论是上游、中游还是下游，应当采用同一个起算点计算水位，正像一个班的同学，必须站在同一个平面上，才能比较哪个更高、哪个更矮一样。这个计算高矮的"同一个平面"，就是基准面，简称"基面"。有了基面，就可以用水准测量仪器测出水文站水位观测点的高程，从而计算出水位。

　　历史上，我国曾经沿用大连、大沽、黄海、废黄河口、吴淞、珠江等基面。1956 年，国家规定以黄海（青岛）的多年平均海平面作为统一基面，为中国第一个国家高程系统。1987 年 5 月，我国启用 1985 年国家基准高程。

　　我国水文站观测的水位，大多采用吴淞基面，就是以上海吴淞口验潮站 1871－1900 年最低潮位所确定的海面为起算点。自然，以吴淞为起点计算的高程，称为吴淞基面。我国的地势是西高东低，越往西走，海拔越高，

比较高矮，应该在同一平面上

相对的水位值自然也就越高啦。

难道西藏阿里地区的水文站观测水位，也要跑到上海，把高程引测过去吗？

这确实是个问题，为了解决这个问题，我国建立了遍布全国各地的国家高程控制网。这样，阿里地区的水文工作者，就可以通过水准测量从最近的高等级水准点引测高程，并建立自己的专用水准点了，有了水准点就能测量水位观测点的高程，水位就计算出来了。

实际工作中，水文测量也有不采用吴淞基面的情况。比如某地发生水灾，需要水文进行应急监测，这时受条件限制，可能无法立即与国家高程网对接，就可以暂时固定一个点为基面，称为假定基面。

还有一种情况，就是历史上一开始就长期采用一个基面，大家已经非常适应了，再改变基面反而会造成更大的不方便，这时就继续采用原来的基面，称为冻结基面。这就好像大家习惯说"逛马路"，而不会说"逛公路"一样，尽管那条路上从来就没有马。

水准测量就是

过马路小心点！

马路？哪儿有马啊！

很多说法都是人们约定俗成的

高程测量，主要用的是水准仪，还有两根长三米、正反两面都有刻度的水准尺。进行水准测量，是水文工作者的基本功，在全国水文勘测技能大赛上，这是一个长期保留的传统竞赛项目。

原来如此

　　基面，是指计算水位和高程的起始面。水文资料涉及的基面有绝对基面、假定基面和冻结基面等。绝对基面，将某一海滨地点平均海水面的高程定义为零的水准基面。假定基面，水文测站为计算水位或高程而暂时假定的水准基面。冻结基面，水文站将本站第一次观测所使用的基面固定下来作为以后观测使用的基面叫做冻结基面。

水位，让我欢喜让我忧

我们已经知道了降水会形成产流，产流发生以后，它们又会聚在一起，形成汇流。当这些汇聚的水进入江河湖海时，就会引起水面的高低变化，而水面的高度，就叫水位。

水位实在太重要了，重要的有点像我们人的血压。血压太高了，就有可能冲破血管，出现可怕的脑出血，让人瘫痪甚至夺走生命；水位太高了，就可能冲破圩堤，甚至冲进我们的家园。反过来，血压太低了，就可能头晕无力甚至休克；而水位如果太低，就会出现干旱，甚至导致无法生产生活。

水位，就是这么让人欢喜让人忧。

前面说，人类很早就开始了水位观测。那么，人们是怎样观测水位的呢？

世界上最早观测水位的是中国和古埃及，一开始用的就是水尺，上面有刻度。只不过，早期的水尺可能是一个石头人的形状，也可能是水边的石壁。

今天，我国水文工作者常用的是搪瓷水尺，它们一根根排着队，矗立在水边，如哨兵一般。

人们用水尺观测水位，有了水准点就能测量水位观测点的高程，水位就计算出来了。这样做的优点是准确，缺点是不能每分每秒不间断地进行。20世纪60年代初，我们国家研发、引进了多种自动记录水位的仪器，不到20年，就有半数以上水文站使用了日记式自记水位计。

大多数自记水位计都需要一个工作平台，这个平台多为建造在水边的水位

我国早期使用的水尺是石头人形状的，现在则采用搪瓷水尺

观测井。目前，我国的水位观测，已经基本实现了自动记录、数字储存、自动传送数据。

因为任何野外观测仪器，运行时都有可能出现故障、甚至受到妨碍、破坏，所以必须与人工观测的水位进行校准，这就是水文工作者在北京时间早上8时整，依然在祖国各地同时观测水位的原因。

　　水位，河流或者其他水体的自由水面离某一基面零点以上的高程称为水位，单位是米。水位观测分人工与自记，人工观测主要使用水尺、水位测针、悬锤式水位计，人工记录水位数据。自记主要是浮子、压力、激光、超声、雷达等形式的水位计，以及电子水尺。

流量，被手机弘扬的水词语

流量一词，本来是描述水的，"流"字的偏旁是三点水，就是明证。

可能是因为这个词资格老、表现力好，老是让水文用有些屈才，所以手机上通过的数据量、马路上通过的汽车量、长城上通过人流量，都称为流量了。

那么水文学上的流量是指什么呢？

假设浴缸里有1立方米的水，打开放水口，水一秒钟就流光了，流量就是1立方米/秒。假如因为出水口严重堵塞，这些水一个月才流完，称之为月径流量1立方米。

聪明的读者一定明白了，流量其实就是一秒钟通过某一个出水口的水量，

想不到一个小小的浴缸竟然隐藏着大学问。

流量和径流量分别指的什么？你记住了吗？

也就是说流量是一个瞬时概念，径流量是一个时段总量的概念。

把河流想象成一根可引水的毛竹，毛竹内的水一秒钟流经的距离叫流速，水的出口是个横切面，称为横断面。把水在这个横断面的流速乘以断面面积，就是流量啦，所以要测流量，通常就必须测流速和面积。

对流量的认识，我国在世界上是最早的。战国时期，一位叫慎到的人，曾用"流竹法"测定河水流速，从而推测水量的大小。这种方法，现在叫浮标法测流。

古人用"流竹法"测定河水流速

北宋时期，有一位叫范子渊的都水监丞，提出流量是由面积与流速两个要素构成的。这一论断是科学的，开创了我国在水文领域的首次研究。

在很长一段时期内，测流量最常用、最可靠的仪器，是机械式流速仪，它是1790年由德国人发明的，后来几经改进，成为测量流速的主力兵器。将流速仪放入河中，其头部的机械旋转部位就会随着水流旋转起来，流速越大，它就转得越快。记下它在一段时间内转的圈数，就可以计算出流速，再测出面积，进而得到流量数据。

水文工作者用机械式流速仪测量河水流速

20世纪40年代，我国开始制造机械式流速仪。我国自制的流速仪质量可靠，还有良好的防水防沙性能，曾出口国外。这种元老级的仪器，为水文工作做出过很大的贡献。

1842年，奥地利一位叫多普勒的人发现，一列火车飞驰而过，火车汽笛声会从远而近发生变化。他经过研究得出结论：声音（包括电磁波）振源与观察者之间相对位置的移动，会导致声音频率发生改变。这就是著名的"多普勒效应"。

根据这一原理，20世纪，医学界设计出了彩超仪，用以检查人的血管和血液运动情况；水文界设计出了声学多普勒流速剖面仪（ADCP），用以记录仪器相对河床的移动速度和水流速度，从而计算出流量。

ADCP 测速仪

工作人员用计算机处理 ADCP
测速仪的数据

近些年，还有电波流速仪、雷达流速仪、电磁流速仪等，正与声学多普勒流速剖面仪（ADCP）并肩作战，甚至无人机也入伍参战了。

原来如此

　　流量测验方法，分为流速面积法、水力学法、化学法、直接法等。流速面积法，是通过实测断面流速和过水断面面积来推求流量，应用最为广泛。水力学法，是测量水力因素，选用适当水力学公式计算流量。化学法，是将一定浓度的指示剂注入断面上游，通过测定断面上下游该指示剂浓度的变化推算流量。直接法，是直接测量流过断面水体的容积和重量，只适用于流量极小的河流。

水位流量，如影随形

水位流量的关系就像人与影子一样，影子会随着人的移动而移动，流量也会根据水位的变化而变化。一般来说，河流的水位与流量的关系是一致的，也就是水位越高，流量就越大；水位越低，流量就越小。测到了水位，就等于掌握了流量，我们把这种关系称为"水位流量关系"。

前面说过，与观测水位相比较，测流量要困难得多。所以，要是任何时候、任何江河，水位都能够代表相应的流量，也就是以小代价夺取大胜利，那该多好啊！

但很可惜，很多时候仅用水位推算不出流量，这种情形被称为水位流量关系紊乱。

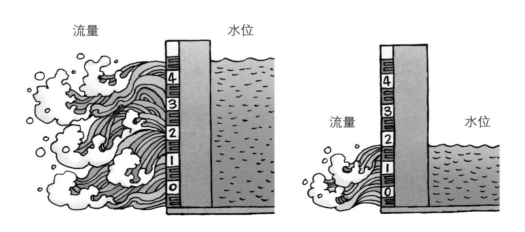

在条件稳定情况下，水位越高，流量越大，水位越低，流量越小

水位流量关系为什么会紊乱呢？原因很多，最主要的，是决定流量大小的流速和断面面积等因素会发生变化。举个例子，假定流量不变，有人把河床的砂石挖走了，导致河床下降，水位就会跟着降低；如果下游建了一个坝，水位则会被推高。

有人把河床的砂石挖走了，导致河床下降水位降低

下游建大坝，水位被抬高

为了解决这种紊乱现象，科学家们做了很多水文理论研究实验，建立了一整套数学模型、计算公式和测验规范，用诸如"落差法""临时曲线法""连时序法"，等等，来确定水位流量关系。

原来如此

　　水位流量关系，指江河渠道中某断面流量与同时水位之间的对应关系。水位流量关系稳定时，可由水位反推流量，也可由流量反推水位。影响水位流量关系稳定的主要因素有河床变化、变动回水、洪水涨落、河道水生植物、河道结冰及混合因素。

水温，春江水暖鸭先知

夏季河里游泳的人要比冬天多，北方河面上冬季可以跑汽车，盛夏时节有人还会把食物用竹篮挂在水井里保鲜……

以上这些现象，都涉及一个水文要素——水温。

水文一般只对自然水体的水温进行研究，主要是江河、湖库、地下水、海洋等。别小看水温，它关系到水环境保护、大气环境变化、河流水质状况、生产养殖以及国防建设等领域。比如，不同深度下的海水温度，可能影响潜艇航行，甚至影响导弹发射。

不同的水温对应着不同的现象

深水温度计

测量水温一般用水温计，根据所测水深度不同，使用不同的水温计。

现在，自动观测水温仪器得到越来越普遍的应用，有框式水温计、深水温度计及半导体温度计、热敏式温度计等。

测量海水温度，早期常用的是1874年英国人发明的颠倒温度表，此表两头是水银温度表，它不受水压的影响，一直是海洋水温调查的最佳选手。另外，1937年发明的深水温度计，还有电阻式温度计，也都在一展身手。

海洋水温的变化，造就了一位叫"厄尔尼诺"的"小兄弟"，一位叫"拉尼娜"的"小女孩"，他们可把地球上许多国家整得够呛。"厄尔尼诺"代表热带太平洋海温异常增高，造成全球气候的变化，连续出现世界范围的洪水、暴风雪、旱灾、地震等；"拉尼娜"代表赤道太平洋东部和中部海面温度持续异常偏冷，造成连续出现的世界范围的少雨干旱，局部出现飓风、暴雨和严寒等。

因此，海洋的水温观测，变得前所未有的重要。好在"春江水暖鸭先知"，包括水文学者在内的科学家们，正通过现代技术，跟踪监测这些异常现象，再进行科学研判、及时预警，以便大家提早做好防范准备。

"厄尔尼诺"造成全球气温变化

原来如此

　　厄尔尼诺，源于西班牙语，原意是"圣婴"，用来表示在南美洲西海岸（秘鲁和厄瓜多尔附近）向西延伸，经赤道太平洋至日期变更线附近的海面温度异常增暖的现象。拉尼娜，源于西班牙语，原意为"小女孩，圣女"，是厄尔尼诺现象的反相，指赤道附近东太平洋水温反常下降的一种现象，表现为东太平洋明显变冷。

地下水，难得一见的水世界

降水产生汇流后，其中一部分会顺着土壤、地表裂隙渗入到地下，形成地下水。

降水顺着土壤、地表裂隙渗入地下，形成地下水

地下水的来路多多，比如地面温度低于空气温度时，空气中的水汽会进入土壤和岩石的空隙并凝结，从而形成地下水。岩浆中分离出来的气体，可以冷凝形成地下水。还有地质运动早期，与其他沉积物一起埋藏在地下的水，可以

地质奇观——天坑　　　　　　　　　　　　　　　　　　地质奇观——溶洞

说是汇聚天下"英才"。

　　地下水的总量，比一般人们想象的多得多，几乎占地球总水量的十分之一，比整个大西洋的水量还要多。

　　总体来说，地下水的水量稳定、污染少，既可用于农业灌溉、工业建设，也可以洗澡，甚至可以直接饮用。有的富含有益健康的成分，可以生产好品质的瓶装矿泉水。有的温度较高，可以把它们抽上来，在大楼调温系统里循环，称为地温空调。

　　有的地下水还学会了天工开物，创造了不少神奇的地质宝贝，比如我国山东济南的象征——趵突泉，广西乐业的世界之最——天坑群，北美的世界之最——猛犸溶洞。这些宝贝，要看它一眼说不定还得买门票呢。

　　地下水冒出来我们才能看得见，那么它们没冒出时，又是处于怎样的"姿态"呢？科学家们把地下水与地上的江河做了一个比较，发现许多有趣现象。

　　比如，江河水系在地面只有一个层次，河流的源头像是人枕着一个枕头，河流就像人的身子大多平躺着，河口就像人的脚。地下水系却像楼房一样的有好几个层次，有些楼层可以有上千米高，水就在里面站着。江河水系有大河、中河、小河之分，就像一家三代，血脉比较清楚。地下水系却难以分清

主流和支流，各水流之间还会不定期地相互走访慰问，关系比较乱。江河比较讲规矩，总是往低处走。地下水却比较讲风格，能上能下，喷泉就像一个"调皮鬼"。

江河水系与地下水系的差别很大

地下水有时也会惹事，比如地下水太多了，可能会造成铁路公路塌陷、矿区坑道淹没、沼泽地扩大。被开采的太多了，就会没水可用，还会造成地面沉降、海里的咸水入侵。要是被污染，那就更糟糕了。

所以，水文工作者不但要长期监测分析地下水的水位、水温、水质的变化，还要研究它与地表水之间的关系，为人类寻找合理开发利用保护地下水的最佳途径。

地下水水位、水温观测中，常见方法是先打一口监测井，然后把仪器放下去。这些仪器的原理，大多跟地表水监测水位、水温的仪器相近。

检测地下水质，大多是用水泵一样的采集器提取水样，带回实验室分析，当然也可用便携式仪器现场测定，只是可测定参数种类不尽相同。还有一种监测方法，就是将传感器放入水体中，直接检测某些水质参数，优点是可以长时期在水中连续测量。

工业偷排造成地下水污染

地下水被开采太多，会造成地面沉降

从地下跑到地上的水，称之为出水量，包括开采量、泉流量两种。这两者的区别在于，一种是被人用机器抽出来的，一种是自动冒上来的。

地下水水位监测设备

目前，工程师们还研发了一种数传仪，能够集水位、水量、水温、水质数据采集和无线通信于一体，可以更为方便地监测地下水信息了。

原来如此

　　地下水，广义上是指埋藏在地表以下各种形式的重力水。地下径流是水文循环的一个环节，地下水是水资源的重要组成部分。地下水水文学是运用水文循环和水量平衡原理研究地下水形成、运动、水情和地下水资源的水文学分支学科。它和主要研究地下水起源、类型、分布、运动、化学成分的形成和地质环境的水文地质学关系密切，在解决供水、排水和土壤保护等方面有重要意义。

泥沙，泾渭分明的创造者

　　陕西省西安市北郊，有两条河流在那里交汇。一条叫泾河，河里泥沙很少，水很清；另一条叫渭河，河里泥沙很多，水很浑。这两条河流到一块后，有很长一段仍然是半边清半边浑、界限分明。这就是成语"泾渭分明"的来历，这个现象的制造者，是水文中一个重要研究对象——泥沙。

　　泥沙是颗粒状的，很细小。其中个头最小的，常常得意洋洋地悬浮在流动的水中，是把河流弄浑的家伙，被称为悬移质。还有一种个头稍大，但却比较"懒惰"，老是趴在河床上，水推一下，它才向前移动一下，所以干脆就叫它推移质。

悬浮在水中的泥沙被称为悬移质，趴在河床上的泥沙被称为推移质

　　泥沙顺水而下，随着流速变小，它们渐渐沉积在河床上，特别是下游平原河口，形成了大片河滩，营造了肥沃的土地，滋养了生物，催生了农业，为人类文明产生发展立下了汗马功劳。它还是应用广泛的建筑材料，所有钢筋水泥建筑都离不开它。

　　然而，泥沙多了也不是好事，常见的害处就有河流改道、水库淤塞、工程报废，航道不畅、船只搁浅。真是人有悲欢离合、月有阴晴圆缺，此事古难全。

　　面对大自然，水文要做的，就是为兴利除害、化害为利，寻找科学对策。监测泥沙，成为走向这一目标的第一步。

西汉时期的张戎提出了解决河流泥沙问题的方法

对泥沙的监测，古已有之。公元4年，因治水有方而名声大振的张戎，就向朝廷建言，黄河的水十分之六都是泥沙，应当利用水流速度解决泥沙问题。这个方法，被当今黄河上游高洪泥沙监测，以及利用水库等水利工程调水调沙的效果所印证。看来，张戎先生还真有两下子。

为监测泥沙，工程师们发明了泥沙采样器，用来提取河流沙样，然后经过一系列专业方法，检测泥沙含量的多少、颗粒的大小以及在整条河上的分布等情况，从而掌握河流泥沙规律。

洪水越大，泥沙就越多，就越要加密监测。汹涌的激流上，水文工作者顶着狂风暴雨，甚至冒着生命危险，提取泥沙样本。

水文工作者用测沙仪来检测河水中泥沙含量

　　这样的作业反复进行着，往往一个测量过程就长达数小时甚至十多个小时。而最终，这样一次测验，在水文分析图上只留下了一个点。每年，水文需要成百甚至上千个这样的点来分析河流泥沙的数量和变化规律。

　　近年来，工程师们想破脑袋，发明研制新的仪器。测沙仪，一种可以测出水中泥沙含量的仪器问世了。依据原理的不同，主要有光电式、超声波式和振动式测沙仪。

　　分析泥沙颗粒的大小，主要采用尺量法、筛分法、沉降法，因为我国河

调压仓式采样器

沙质推移质采样器

流泥沙粒径变化大，有时需要几种方法同时使用。目前，我国应用较多的是用激光粒度仪分析泥沙的粒径。

　　我国的泥沙研究水平是世界领先的，顺便提一下，1957年，黄河干流输沙量达到16亿吨，要是让现如今14多亿人都去搬运，平均每人得搬一吨多。

但近20多年来，黄土高原生态治理成效卓著，进入黄河的泥沙已经大量减少。

横式采样器采取水样

原来如此

　　河流泥沙：河流中随水流输移或在河床上发生冲淤的岩土颗粒物质。输沙率：单位时间内通过河流某一断面的泥沙重量。悬移质：受水流的紊动作用悬浮于水中并随水流移动的泥沙。推移质：受水流拖曳力作用沿河床滚动、滑动、跳跃或层移的泥沙。

冰情，水的华丽变身

我国的北方，冬天大都会下雪，河流的水会结冰，冰雪有时也会降临南方。冻结在水上走不动的叫冰，会走的叫凌，统称冰凌。水的形态变化创造了人们可以欣赏的冰雪世界壮丽奇观，如冰山、冰川、冰雕等，同时也带来了严重的后果，甚至是灾难，如冰凌造成的洪涝、溃坝等。

河水在热力、动力及河道地形条件作用下，所产生的结冰、流冰、封冻、解冻、冰塞和冰坝等现象，称之为冰情。

冰情监测，主要内容是固定点冰厚测量、河段冰厚测量、冰流量测量、水内冰观测、冰塞冰坝观测等，另外还有绘制冰情图。

冰凌测量的设备主要有凿孔工具和量冰尺。凿孔工具，是可以在冰上开凿冰孔的工具，有冰穿和冰钻。量冰尺，测量冰厚的专用测尺，可以量取冰的厚

冰塞

冰坝

水文工作者运用凿孔工具和量冰尺进行冰情监测

度，有普通量冰尺和固定量冰尺两种。现在有比较自动化的冰厚仪，能自动测量冰厚。

20世纪90年代起，我国黄河流域开始使用遥感技术，对黄河冰凌进行监测研究，自动测量冰的厚度和冰凌的变化，并将冰情实时传回监测中心。目前国内外

河道冰情自动监测传感器

已发展了多种自动化冰厚观测技术，其中卫星遥感、雷达探测、电磁感应和激光测距技术的组合、舰载声呐等设备，实现了中、大尺度的海冰厚度探测。

原来如此

　　凌汛，俗称冰排，是冰凌对水流产生阻力而引起的江河水位明显上涨的水文现象。通俗地说，就是水表有冰层，且破裂成块状，冰下有水流，带动冰块向下游运动，当河堤狭窄时冰层不断堆积，造成对堤坝的压力过大，即为凌汛。在冬季的封河期和春季的开河期都有可能发生凌汛。中国北方的大河，如黄河、黑龙江、松花江，容易发生凌汛。

资料整编，如同"军训"中的规定动作

我国的水文测验历史从战国时期就已开始，但有关水文资料的记载却是分散而不成体系的，也就是说没有专人负责，记载都散落于民间。如商代的甲骨文中有降雨的定性记录；公元763年开始的长江涪陵白鹤梁石鱼题刻，记录了72年的特枯水位；《清明风雨录》记录了1724年至1903年共计180年的天气状况和降水记录。

水文观测记录被正式系统保存下来始于19世纪。保存的正规降水量记录始于1841年，正规水位记录始于1865年。从清末开始，已将多站的水文资料进行汇编刊印。

要说正规的资料整理汇编，是在中华人民共和国成立后才开始进行。从1949年开始，我国对原始的水文要素观测资料按科学方法和统一规格，进行了分析、统计、审

长江涪陵白鹤梁石鱼题刻

核、汇编、刊印和储存，就如同"军训"中的规定动作，横平竖直，任何"动作"都是有章可循的。需要完成的"动作"主要包括测站考证、定线、数据整理录入、制表、合理性检查、编写整编说明、刊印等。其中的测站考证是对每

一个水文站的情况进行整理和汇总，就好比户口簿，姓甚名谁、家住哪里、家庭变化等，逐条登记得是清清楚楚，并还配有周边环境地形图呢！定线是确定水位、流量、泥沙等"家庭成员"中的相互关系，有点像你整理家谱，确定人员之间的关系，只要找到"张三"，就能知道他跟"李四""王五"是什么样的关系。至于其他的项目，相信聪明的你根据字意就能知道是干什么的了。

水文资料整理汇编的成果，在全国有一个统一的响亮名称——《中华人民共和国水文年鉴》，在它之下，按流域、水系组成了10个大家庭，家庭成员多达几十个呢！

《中华人民共和国水文年鉴》的组成成员

当然，水文资料汇编成册，并不是最终目的，最终目的是当人们在水资源保护、编制水资源公报、防汛抗旱应用、水资源综合规划、水利水电工程建设、军事及科学研究过程中碰到了难题，可从这里找到他们所需的数据和答案。

那么，是不是要为水文人的辛勤付出鼓鼓掌呀！

原来如此

水文资料的整编、汇编是对水文监测数据按流域水系进行处理、加工、分析、统计等复杂的技术过程。刊印水文年鉴一般需经过资料在站整编、资料审查、复审、汇编、刊印等生产过程，它是一种逐年刊印的资料，以统一、科学的图表形式表达出来的成果。它是国家重要的基础信息资源之一，普遍被水利水电建设及其他国民经济建设及科学研究部门使用。

数据库，给水文资料安个家

通俗地说，水文数据库是把水文各类数据按一定规则摆放在"大房子"里。水文数据库的建立，是从1980年就开始的，是国家数据库系统的重要组成部分。

水文数据库建设大致分为三个步骤：第一步，建一座豪华的"大房子"；第二步，让数据"乔迁新居"；第三步，服从"物业"指挥和安排。

前面已经说过，水文观测数据正规记录最早可以追溯到1841年，至今有一个多世纪，这可是我们的宝贵财富，但如何共享并利用好这些数据呢？水文部门想了很多办法，既有不同部门之

有啥不明白的就问我，我知识老渊博了……

将水文知识一网打尽的水文数据库

间的横向联系，如教学科研机构的技术合作，又有行业内部的纵向深入，还借鉴了国外较为成熟的经验。

就这样，经过多年的努力，建成了统一的国家水文数据库，数据库节点覆盖全国。接下来，所有的水文数据均"抽到"了满意的"房号"，并喜迁新居。存储的水文数据主要涉及地表水、地下水、水质、土壤含水量、水文气象等要素，数据总量大约有8.4TB，这个数据库相当于存储了1万部高清电影。

水文数据库的"物业"管理是非常严格的，要获取数据，需要凭借有关证件，按照法定程序，有专人引路才行。

原来如此

水文数据库是以计算机为基础的水文数据存储检索系统。水文数据库是整个水文信息处理系统的重要组成部分，是现代化数据管理技术在水文领域的应用。水文数据库系统还具有针对全国水文站网的管理功能，以提高水文站网系统的社会效益和经济效益。常用的水文数据库有水文实时数据库、历史资料库、水文情报预报专用数据库，等等。

第三篇
水文，就在眼前

　　水文是一个基础性公益行业，专业性很强，看似很"冷门"，其实与我们的生活息息相关，可以说，一切涉及水的事，水文都不可或缺。比如架桥修路，比如抗洪排涝、种庄稼、养牲畜、洗衣做饭、游泳划船，等等。总之，你跟水有多少关系，水文就跟你有多少关系，只不过有的是直接的，有的是间接的。

　　一句话，水文看似远在天边，实则近在眼前。

防汛抗旱的"耳目"与"参谋"

　　人们在生活生产过程中，对洪水逐步产生了一些认识，并从中慢慢摸出了一些门道，出现了不少关于水旱灾害的谚语，如："端午夏至隔得开，三次大水一起来""清明在月头，春秧放水流""夏至在月头，无水养耕牛"，等等。再后来，对已出现的各类水文要素开始有了文字记载，人们利用已掌握的水文学、气象学、水力学上的一些原理和方法，对这些文字记载信息加以整理，对河流、湖泊等水体在未来一定时段内的水位状况做出定量（或定性）的预测，这就是水文情报预报。

　　水文情报与预报具有逻辑上的因果关系，情报是预报的前提，预报是情报运用的结果。但二者又具有本质上的区别，情报是指已经出现的客观事实，预报则为可能会出现的水文事件。

　　原始的水文预报迷信色彩浓厚，在商代，人们用算卦的方法来做水文预报，现在看来，尽管不靠谱，但它首开水文预报的先河。

　　有人说水文人是"神算子"，预知未来；也有人说，水文是防汛抗旱的"耳目"与"参谋"。

商代人用算卦的方法来做水文预报

预见期超过一年的长期预报也是靠谱的，预见期只有几天的短期预报那更是精准。这"精准"二字是建立在水文大数据基础上的，俗话说：台上一分钟，台下十年功。正是通过对水文奥秘的探索，对水文大数据的分析研判，才能编制出预报方案、建立起预报模型；才会知道河流会不会涨水、旱情会如何发展……这"精准"二字的背后，是默默无闻的奉献，是孜孜以求的精神，有时甚至是生命的付出。

目前常用的水文预报方法主要有流域产汇流法、河道流量演算法、上下游水位相关法、流域水文模型等。以河道流量演算法为例，它是以圣维南方程组为理论基础，利用河道上游的流量过程演算河道下游的流量过程。

在艰苦条件下开展水文测报工作

演算的方法有好多种，如特征河长法、马斯京根法，等等。就跟我们在学校数学课堂里学的解方程组，知道了 A、B、C，求解 X 是一样的。

水文预报会产生社会效益和经济效益。如 1998 年发生全国性大洪水，水文预报效益显著，安全转移人口约 1500 万人次，直接减灾效益超过 800 亿元。

随着传感、遥测等现代化的技术在水文上的应用，目前已实现各类水文情报的自动采集、传输、处理和应用，全国性、流域性、地方性的洪水预报应用系统已基本建立，一旦灾情有个"风吹草动"，就能立马对未来发展做出趋势性预报。什么地方需要转移人口、什么堤坝需要开始巡查、什么水库需要提前泄洪等，都是建立在情报预报基础上的。

原来如此

洪水预警是指一种利用现代化的水文技术设备，将江河流域内各雨量、水位站点的降雨和洪水信息，实时地采集和传输到洪水控制中心，经过数据处理和分析，及时掌握流域洪水动态，并利用数学模型，做出未来沿岸洪水预报，根据水文情势的紧急情况，由低到高依序分为蓝色、黄色、橙色、红色四个预警等级。

水质保护的"火眼金睛"

　　水是有质量标准的。就好比穿的衣服、吃的食物、用的物品，都具有质量标准一样。水体质量简称水质。水是不是清澈、有没有异味，这些物理特性，人们能很直观地分辨。但它是不是含有细菌，无机物和有机物的含量是多少，还有什么样的化学和生物特性，则是要经过水文技术人员在化验室检测才能得出结论。水文部门通过对水质的检测，对照不同用水的水质标准进行分析比照，从而对水体总体质量做出客观的评价。

　　在这里，你是不是会产生一个疑问，自然界中好好的水怎么就不干净了呢？主要两个原因，一个是自然造成的，另一个就是人为污染。

　　通常，水质的好坏需要通过

为防止水污染，水文"医生"们时刻监测预警

100多项指标来衡量。水质检测主要是对采集的水样运用物理、化学、色谱等方法进行分析。随着监测手段的不断更新，便携式、智能型及水质在线监测仪等也开始广泛应用。如连续流动注射分析仪、等离子体发射光谱仪、离子色谱仪等。

水质在线监测系统是一套以在线自动分析设备为核心，运用现代传感技术、自动控制技术、计算机技术，并配备以专用分析软件和通信网络，组成的一个从取水样、预处理、分析检测到数据处理、存储传输的在线自动监测系统。

原来如此

水质标志着水体的物理（如色度、浊度、臭味等）、化学（无机物和有机物的含量）和生物（细菌、微生物、浮游生物、底栖生物）的特性及其组成的状况。同时，为评价水体质量的状况，规定了一系列水质参数和水质标准。如生活饮用水、工业用水和渔业用水等水质标准。

水资源管理的"账房先生"

人类赖以生存的地球陆地面积只占 29%，71% 的面积是被水覆盖，所以人们说地球是一个"水球"，是有一定道理的。这个"水球"的储水量有 14.5 亿立方千米之多，但海水占了 14.14 亿立方千米，淡水只有 0.36 亿立方千米。

海水又咸又苦，不能被人类直接利用。而淡水中又有约 0.31 亿立方千米或者是高山冰川和永冻积雪、或者被冻结在南极和北极的冰盖下面，这样一来，就只剩下 0.05 亿立方千米的淡水可以被人们利用。通常所说的水资源指的就是这些水。

我是水球不假，可这淡水也太少了吧！

这样一比较，水资源实在是少得可怜。预计到2025年，世界上将会有30亿人面临缺水，40个国家和地区淡水严重不足。我国水资源总量居世界第4位，但由于人口众多，人均占有量世界排名在第127位。对670个城市的调查表明，我国一半以上城市存在不同程度的缺水，是全球人均水资源最贫乏的国家之一。水资源管理的重要性，由此可见一斑。

　　水文在水资源管理中，主要的强项就是能查清"家底"，算清水账。

　　算水账说起来容易，但做起来可不简单。首先要对全国的水资源进行分区，也就是把"家底"差不多划分在一个等级，就好比文理科分班，数理化成绩好的多在理科班，语文成绩好的则多在文科班。水资源分区也是这个道理，我国共划分了10个一级区、80个二级区、214个三级区。

算清水账，摸清家底

　　水资源公报就是算水账的成果之一。这里不妨说一下公报里的几个主要指标：地表水资源量、地下水资源量、水资源总量、供水量、用水量、耗水量、废污水排放量。至于指标是怎么来的，是如何计算的，如果你上大学学水文，就会了解这可是一门"高大上"的专业。顺便说一句，就业也不错。

　　我国在水资源"开发利用、限制纳污、效率控制"三个方面设置了管理标准，又称为"三条红线"。如果有人越过了红线，水文这位"账房先生"是会拿出监测分析数据，出来讲公道话的。

原来如此

　　水资源是指可以利用或有可能被利用的水源，这个水源应具有足够的数量和合适的质量，并满足某一地方在一段时间内具体利用的需求。

建桥铺路的"好帮手"

　　一座桥建多高才好呢？建高了，浪费人力物力；建矮了，船过不去，洪水来了，甚至会被冲毁。

　　此时，水文调查和水文计算又派上用场了。建桥时，水文工程师可以依据历史最高最低水位，还有流量、流速及水下地形等水文信息，对桥梁建设提出合理建议。

桥梁建造前要进行水文勘测，了解水文数据

　　我们举个例子吧。还记得 2018 年 10 月通车的港珠澳大桥吗？这可是世界上最长的跨海大桥。而我国科学家在掌握大量海洋水文数据的基础上，创造性地优化海洋防腐抗震技术，最终建成了这一世界级工程。是不是瞬间觉得水文历史资料变得高大上了呢！

　　其实，不但是建桥梁，就是建工厂、修水库、挖隧道、铺路、采矿等，只要涉及水的，在建设过程中就需要水文资料的支撑，有的还需要水文专家进行专门的水资源论证、防洪评价等，才能实施。

原来如此

　　水文计算是为防洪排涝、水资源开发和某些工程的规划、设计、施工和运行提供水文数据的各类水文分析和计算的总称。

应急除险的"敢死队"

　　天有不测风云，人类社会与自然界总会发生一些与水有关的突发性事件，每当发生这种情况，水文工作者常常需要冒着很大风险，展开应急监测，堰塞湖监测就是例子。什么是堰塞湖？就是在火山爆发、雪崩、地震等这些灾害发生后，山体岩石崩塌下来，把河床拦截起来形成的湖泊。

　　也就是说堰塞湖的坝体是老天爷用泥巴石块胡乱堆起来的，如果坝体不稳定，那像是魔鬼派到人间的一个隐形杀手，严重威胁到下游人们的生命财产安全，可以说是百害而无一利了。比如，1933年四川叠溪镇堰塞湖垮坝，导致山

山体滑坡阻塞河道形成了堰塞湖

洪暴发，叠溪城及附近 21 个羌寨全部覆灭，死亡上万人。"头顶一盆水"就是灾区下游的人们对堰塞湖的形象比喻。再比如，2008 年 5 月我国汶川大地震，形成了唐家山堰塞湖，直接威胁到下游 130 万群众的人身财产安全，被称为"极高危级"的悬湖。

怎么处置呢？

处置堰塞湖最彻底的办法就是拆除坝体，或爆破、或挖掘，但是有一个必要的前提就是必须掌握堰塞体和水流的数据。为获得这些数据，水文部门常常组成"敢死队"，奔赴堰塞湖除险最前沿，那里可是人烟稀少、缺吃少喝，余震不断、随时可能出现塌方的地方，加上堰塞湖有可能随时垮坝，许多不确

水文工作者常常在极端天气、极端危险的环境开展工作

定的危险因素夹杂在一起，简直就是恐怖片的现场版。尽管如此，水文"敢死队"队员冒着生命危险，克服种种困难，认真勘测堰塞湖的水位、流量、流速，坝体的位置、高程等水文数据，为科学爆破奠定基础。刚才提到的唐家山特大型堰塞湖被成功爆破后未造成人员伤亡，其背后，就有水文"敢死队"的闪亮身影。

除了堰塞湖，发生冰塞、冰坝，突发水污染等应急事件，水文"敢死队"都会奉命出击，监测数据，为科学决策提供依据。

原来如此

堰塞湖是指山崩、泥石流或熔岩堵塞河谷或河床，储水到一定程度便形成的湖泊，通常为地震、风灾、火山爆发等自然原因所造成，也有人为因素所造就出的堰塞湖，例如：炸药击发、工程挖掘等。

海战中的"诸葛亮"

在 2019 年国庆阅兵式上，英勇的人民解放军战士驾驶气象水文观测车，伴随着雄壮的军乐声，昂首通过天安门广场。这无疑告诉人们，水文信息事关战争。

解放军战士驾驶气象水文观测车参加国庆阅兵

水文气象条件，是无法人为控制，却对战争结果有决定意义的因素之一。从关云长"水淹七军"，到郑成功收复台湾；从英美联军在诺曼底登陆到中国人民解放军百万雄师过大江，无一不证明了这一点。

以跨海登陆作战为例，登陆作战，至少必须掌握海浪、潮汐和海流这三大水文情报。因为，如果海浪太大，登陆部队就无法靠岸，甚至直接造成兵力损失；如果不了解潮汐给沿岸水深与海滩带来的变化，不掌握海流方向与速度，那就可能连目的地都到不了。所以说，不掌握水文信息却想打赢海战，那就跟不好好学习却指望上名牌大学没啥两样。

　　值得称道的是，早在1661年，民族英雄郑成功横渡台湾海峡，击败荷兰守军，一举收复台湾，就创造了一个运用海洋水文规律克敌制胜的成功范例。

　　原来，从厦门和金门出发攻打台湾，有南北两条航道，南面航道很好走，但荷兰人有重兵把守。北面航道很狭窄，尤其有一段叫鹿耳门水道，更是水又浅、礁又多，还有好多沉没的船只堵在那里，大伙都知道舰队没法走。

　　因此，荷兰人也就没下大气力防守南面航道，可他们哪里知道，郑成功深谙海洋水文。经过侦测演算，郑将军确信，在当年4月30日出现高潮位时，鹿耳门航道水深足够，舰队可以通过。果不其然，当日，数百艘战舰、两万多水师乘风破浪，成功登陆。

郑将军运用海洋水文规律克敌制胜

　　当然，关系海

战的水文信息远不止以上三项，海风、海雾、海温，还有海水盐度等，无一不与海战密切相关。比如海水盐度及其分布，就直接影响潜艇的导弹发射，这恐怕大家想都想不到吧？

原来如此

海洋水文观测是为了解海洋水文要素分布状况和变化规律进行的观测。观测项目一般包括水深、水温、盐度、海流、波浪、水色、透明度、海冰、海发光等。观测一般是在海洋调查船上进行，也可采用人造地球卫星、飞机、水面浮标站、潜水器等组成立体观测系统。

生态环境的"超级水表"

很多人都知道，滔滔黄河是一路奔流到大海的，但许多人不知道，在1972年以后25年里，黄河有22年，发生了没有流进大海的情况。黄河去哪里了呢？断流了。

黄河的断流，指的是黄河最下游一个水文站——利津水文站的流量，每秒不足一个立方米。

当年断流很严重，比如1995年，河南开封市以下704千米的黄河，只见河道，不见水流。而1997年，利津水文站断流竟达226天。那个时期，不少人很痛心，说黄河母亲快变成"干娘"了。

黄河断流，"亲娘"变"干娘"

黄河断流有三个大的原因，首先是水资源量少，主要是下雨少。然后是用水量多，主要是农业灌溉用水多。最后是缺少科学管理，主要是不节约，比如大水灌漫又不讲成本。

天不下雨，人类目前还拿它没办法，但节约用水、提高用水效率，还是大有可为的。

国家为此采取了综合管理措施，其中一个很管用的办法，就是根据黄河来水的总量，给每一个用水户确定一个用水量的指标。但凡用水，节约的有奖，超标的可以买，超标用水又不出钱的，只好接受处罚了。

办法是好，但事先怎么确定用水量指标，事后又怎么监督检查，是迫切需要解决的问题。这个时候，水文科学，还有分布在黄河干流及其大小支流的水文站，就派上了有如"超级水表"一般的大用场。

通过制定用水指标，用水节约有奖，超标要买，滥用要受处罚

通过水文监测计算和水文调查，水文部门掌握了黄河的总水量、用水户的需水量，从技术上解决了用水指标的问题。然后，通过各个用水关口的水文站和监测点，也就是"超级水表"，监测用水户的实际用水数据。用水多少，一清二楚，谁也赖不了账。

当然，水文监测计算可没

有"抄水表"那么简单。

在野外，水文工作者得沿着5000多千米的黄河，还有众多的支流，顶严寒、冒酷暑施测水资源量。在室内，他们得用各种水文公式、数学模型，准确计算水资源的来龙去脉。

他们不但要有工匠的技能，还要有学者的专业研究水平。

好消息来了，从1999年起，也就是国家实施黄河水量统一管理调度，还有"超级水表"起作用后，黄河至今再也没有断过流。母亲河，依然哺育着她的人民。

黄河治理保护，为人与自然和谐相处、为维系良好的生态环境提供了中国样板，也让水文工作者感到骄傲和自豪。

原来如此

水生态监测是运用物理、化学、生物、水文、生态学等方面技术，对生态环境要素、生物与环境关系、生态系统结构和功能进行监控和测试。重点在评估自然演变过程和人类活动对水生态系统的影响，为水生态环境质量评价、水生态环境保护修复和水资源合理利用提供依据。

第四篇
水文，迈向未来

水文从远古走来，一路披荆斩棘，一路经天纬地，一路风雨兼程，走进社会公众的视野，走进我们的日常生活。

也许你会问：未来的水文会是什么样的？

没有人可以预测未来，但是我们不妨通过立体水文监测来做些许想象。

首先，看看利用太空技术的水文监测。

中国地域辽阔、资源丰富但同时灾害频繁，发展遥感卫星是非常重要的。遥感卫星"视野"广阔，能在规定的时间内监控整个地球或指定的任何区域。遥感影像就是卫星在空中拍摄带有经纬度信息的实时地貌照片。一张陆地卫星遥感影像覆盖的地面范围达到了3万多平方千米，那相当于我国海南岛的面积。遥感卫星可适用于水文应急事件、洪涝灾害监测，地形测量，以及水资源、水生态水环境及水质监测等，获取多种尺度空间水文信息。

神通广大的遥感卫星监测地面

也许某一天，只要向太空中发射一颗对地水文观测卫星，就可以获取所有水文监测要素，从而为大家提供更科学、更全面、更贴心的水文服务。

再来瞧瞧来自天空的水文监测。

目前深受人们青睐的无人机，可搭载多光谱传感器、雷达测流、高清摄像机等通信监测设备，实现近距离高精度多角度水文监测，再通过无线传输，把监测资料传到远程计算机上，又好又快地完成传统技术无法完成的任务，尤其是在人员及设备无法快速抵达现场的情况下。其实，这一技术的运用，目前已见曙光。

无人机在河道上方进行水文监测

最后瞅瞅地上的水文监测。

在山川河流设置的水文站点，可不使用人工观测，而是依靠大量功能强大的超仿真水文机器人，代替人类进行繁重的水文作业。在野外，它可以冒暴雨、耐高温、抗大风、入土里，收集水位、降雨、径流、泥沙、墒情等各种水文数据。我们可以在它体内集成高光谱和红外线功能，就可以一眼"望穿"河流的水质、水位、流速、泥沙等水文信息；它的外表皮肤，可以感知温度、湿度和空气水分、蒸发量。与此同时，它监测的所有数据，都可以实时自动传输到我们人类指定的接收终端，与对地水文观测卫星的监测数据自动进行比对。

在高危环境、污染环境及零可见度的水域，水下机器人可以搭载导航、测距、成像系统和机械臂等装置，获取高质量的水下地形图像、深水水样、底栖动植物等信息，还可进行水生态水环境、水下生物的监测研究。

我国的"蛟龙"号载人深潜器，就在进行如此这般激动人心的探索。

事实上，水文在立体空间进行全方位、全要素监测的同时，基于大数据、云计算、物联网等信息技术和创新方法，形成敏捷高效的智慧水文服务体系，实现更透彻的感

"蛟龙"号载人深潜器在水下进行监测

知、更广泛的互联、更深入的智能化，将把水文科技推送到现代文明的方方面面，将使人类生活更智能更舒适，使社会活动更高效更安全。

　　我们可以想象未来的某一天，水文实现了智慧化，那时候的水文将更多地影响和改善我们的生活。我们登录水文云平台，问一句"今天是否下雨"时，

当今时代，水文工作也走向了数字化、网络化、智慧化

手机将三维立体模拟播报区域实时降雨情况及预测降雨，并在画面里实时播报江河湖海的水位情况；当洪水来临时，水文将通过模型分析计算更精准地提供可视化的水情预警预报信息及模拟场景，人们决定是否出行，或及时改变出行

路线，保证出行安全；当我们喝水或者用水时，水文信息将转化为水质实时监测、分析评价及水资源量的提醒。水文大数据还广泛运用于市政、交通、军事……在很多人共同努力下，水文走向未来，并且成为我们生活中不可或缺的一部分。

手机在手，水文信息应有尽有

水文的未来在于人类的伟大创造，在于人类的不懈探索。亲爱的读者，您是否有兴趣参与这样的创造与探索？